U0302164

大奉
打更人
手账

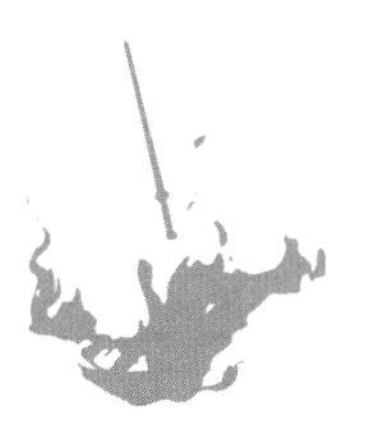

卖报小郎君 著

青岛出版集团 | 青岛出版社

大奉打更人

2025

1月

日	一	二	三	四	五	六
			1	2	3	4
5	6	7	8	9	10	11
12	13	14	15	16	17	18
19	20	21	22	23	24	25
26	27	28	29	30	31	

2月

日	一	二	三	四	五	六
						1
2	3	4	5	6	7	8
9	10	11	12	13	14	15
16	17	18	19	20	21	22
23	24	25	26	27	28	

3月

日	一	二	三	四	五	六
						1
2	3	4	5	6	7	8
9	10	11	12	13	14	15
16	17	18	19	20	21	22
23	24	25	26	27	28	29
30	31					

4月

日	一	二	三	四	五	六
		1	2	3	4	5
6	7	8	9	10	11	12
13	14	15	16	17	18	19
20	21	22	23	24	25	26
27	28	29	30			

5月

日	一	二	三	四	五	六
				1	2	3
4	5	6	7	8	9	10
11	12	13	14	15	16	17
18	19	20	21	22	23	24
25	26	27	28	29	30	31

6月

日	一	二	三	四	五	六
1	2	3	4	5	6	7
8	9	10	11	12	13	14
15	16	17	18	19	20	21
22	23	24	25	26	27	28
29	30					

2025

7月

日	一	二	三	四	五	六
		1	2	3	4	5
6	7	8	9	10	11	12
13	14	15	16	17	18	19
20	21	22	23	24	25	26
27	28	29	30	31		

8月

日	一	二	三	四	五	六
					1	2
3	4	5	6	7	8	9
10	11	12	13	14	15	16
17	18	19	20	21	22	23
24	25	26	27	28	29	30
31						

9月

日	一	二	三	四	五	六
	1	2	3	4	5	6
7	8	9	10	11	12	13
14	15	16	17	18	19	20
21	22	23	24	25	26	27
28	29	30				

10月

日	一	二	三	四	五	六
			1	2	3	4
5	6	7	8	9	10	11
12	13	14	15	16	17	18
19	20	21	22	23	24	25
26	27	28	29	30	31	

11月

日	一	二	三	四	五	六
						1
2	3	4	5	6	7	8
9	10	11	12	13	14	15
16	17	18	19	20	21	22
23	24	25	26	27	28	29
30						

12月

日	一	二	三	四	五	六
	1	2	3	4	5	6
7	8	9	10	11	12	13
14	15	16	17	18	19	20
21	22	23	24	25	26	27
28	29	30	31			

2026

1月

日	一	二	三	四	五	六
				1	2	3
4	5	6	7	8	9	10
11	12	13	14	15	16	17
18	19	20	21	22	23	24
25	26	27	28	29	30	31

2月

日	一	二	三	四	五	六
1	2	3	4	5	6	7
8	9	10	11	12	13	14
15	16	17	18	19	20	21
22	23	24	25	26	27	28

3月

日	一	二	三	四	五	六
1	2	3	4	5	6	7
8	9	10	11	12	13	14
15	16	17	18	19	20	21
22	23	24	25	26	27	28
29	30	31				

4月

日	一	二	三	四	五	六
			1	2	3	4
5	6	7	8	9	10	11
12	13	14	15	16	17	18
19	20	21	22	23	24	25
26	27	28	29	30		

5月

日	一	二	三	四	五	六
					1	2
3	4	5	6	7	8	9
10	11	12	13	14	15	16
17	18	19	20	21	22	23
24	25	26	27	28	29	30
31						

6月

日	一	二	三	四	五	六
	1	2	3	4	5	6
7	8	9	10	11	12	13
14	15	16	17	18	19	20
21	22	23	24	25	26	27
28	29	30				

2026

7月

日	一	二	三	四	五	六
			1	2	3	4
5	6	7	8	9	10	11
12	13	14	15	16	17	18
19	20	21	22	23	24	25
26	27	28	29	30	31	

8月

日	一	二	三	四	五	六
						1
2	3	4	5	6	7	8
9	10	11	12	13	14	15
16	17	18	19	20	21	22
23	24	25	26	27	28	29
30	31					

9月

日	一	二	三	四	五	六
		1	2	3	4	5
6	7	8	9	10	11	12
13	14	15	16	17	18	19
20	21	22	23	24	25	26
27	28	29	30			

10月

日	一	二	三	四	五	六
				1	2	3
4	5	6	7	8	9	10
11	12	13	14	15	16	17
18	19	20	21	22	23	24
25	26	27	28	29	30	31

11月

日	一	二	三	四	五	六
1	2	3	4	5	6	7
8	9	10	11	12	13	14
15	16	17	18	19	20	21
22	23	24	25	26	27	28
29	30					

12月

日	一	二	三	四	五	六
		1	2	3	4	5
6	7	8	9	10	11	12
13	14	15	16	17	18	19
20	21	22	23	24	25	26
27	28	29	30	31		

今日无事，勾栏听曲。

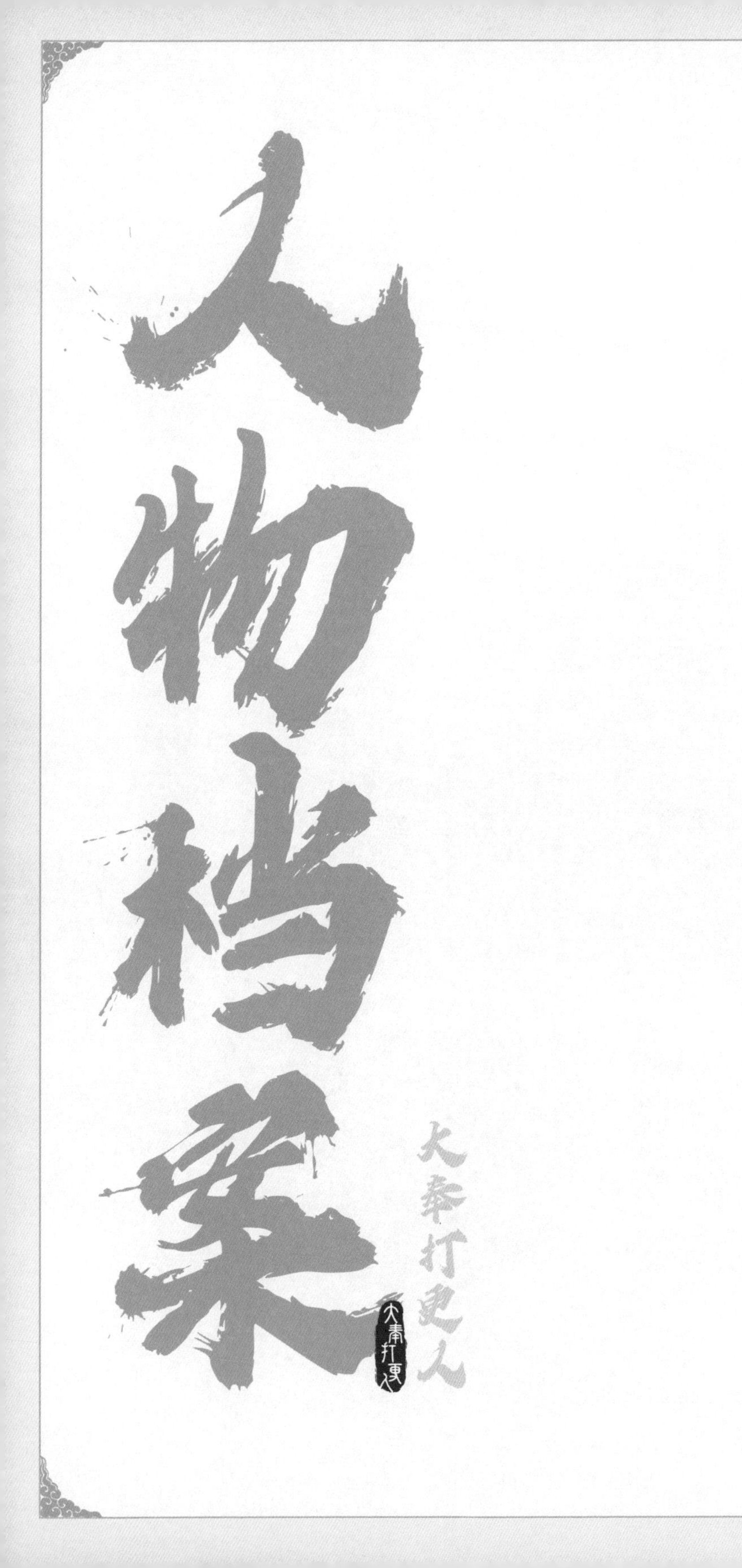
人物档案
大秦打更人

人物档案

许七安
字宁宴

许七安

大奉打更人

人物档案

主人公，长乐县县衙快手，地书三号碎片持有者，身负大奉半数国运，断案高手。

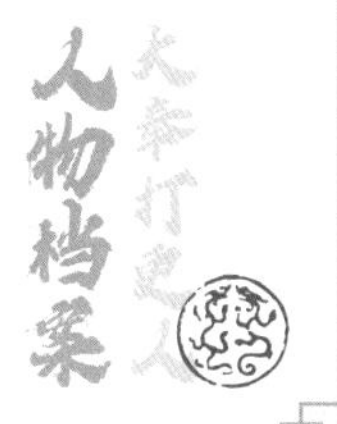

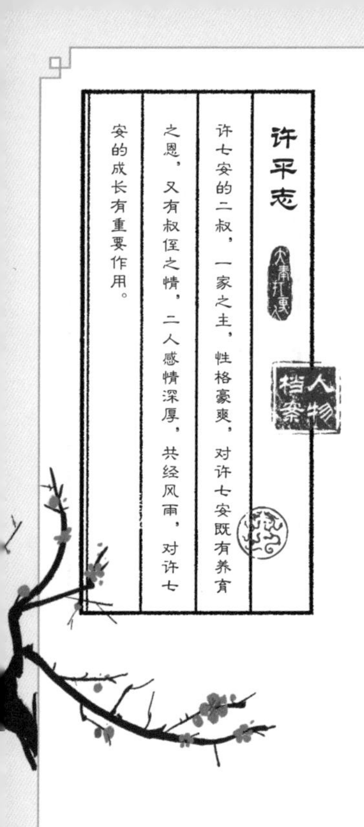

许平志

大奉打更人

人物档案

许七安的二叔，一家之主，性格豪爽，对许七安既有养育之恩，又有叔侄之情，二人感情深厚，共经风雨，对许七安的成长有重要作用。

许平峰

大奉打更人

人物档案

许七安的生父，监正的第一位弟子，潜龙城国师，二品巅峰练气士，妄图颠覆大奉王朝。

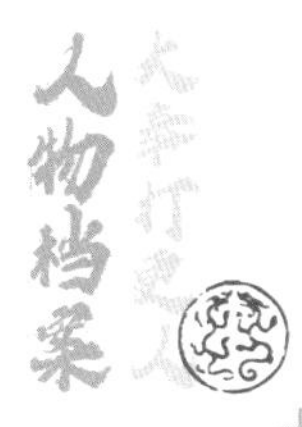

许新年

许七安的堂弟，许平志的长子，许玲月和许铃音的兄长，云鹿书院学子，师承张慎，主修兵法，与许七安有深厚的亲情羁绊。

怀庆

元景帝的长女，地书一号碎片持有者，名震京城的才女，冷然聪慧，胸怀大志。

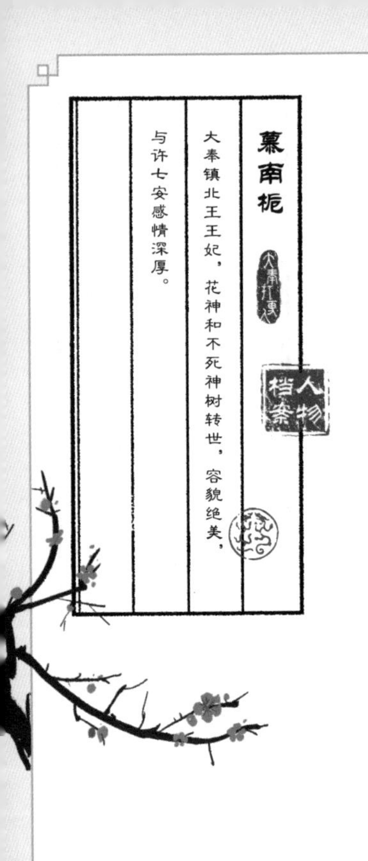

慕南栀

大奉镇北王王妃，花神和不死神树转世，容貌绝美，与许七安感情深厚。

临安

元景帝的次女，天真任性，娇蛮可爱，深得元景帝欢心，后成为许七安的正妻。

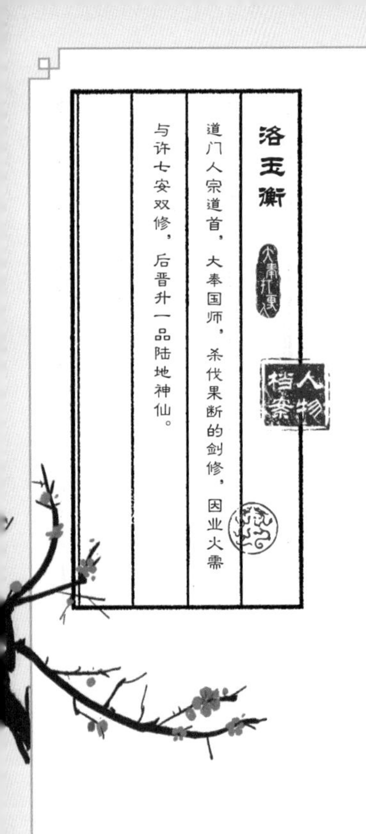
洛玉衡
人物档案
道门人宗道首，大奉国师，杀伐果断的剑修，因业火需
与许七安双修，后晋升一品陆地神仙。

魏渊

大奉打更人

人物档案

打更人领袖，权倾朝野、睿智儒雅的宦官，掌控都察院，

赏识许七安，将其视为知己和接班人。

大奉打更人
人物档案

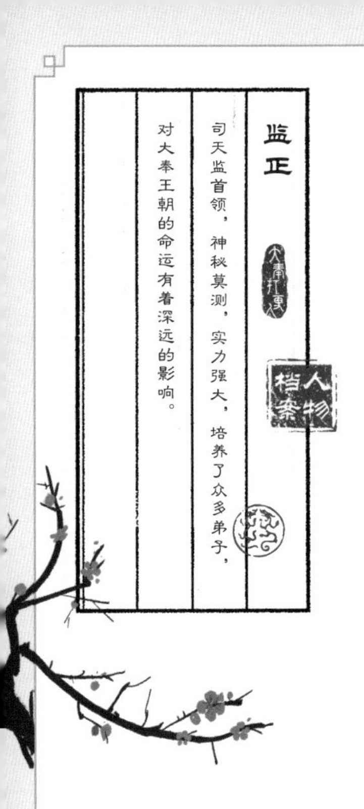
监正
大奉打更人
人物档案
司天监首领，神秘莫测，实力强大，培养了众多弟子，
对大奉王朝的命运有着深远的影响。

杨千幻

人物档案

监正的第三位弟子，性格风趣，爱出风头，口头禅『手握明月摘星辰，世间无我这般人』，常模仿许七安人前显圣，后突破超凡境。

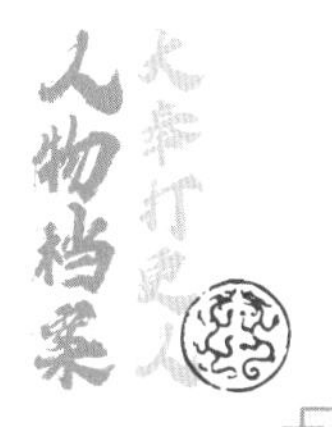

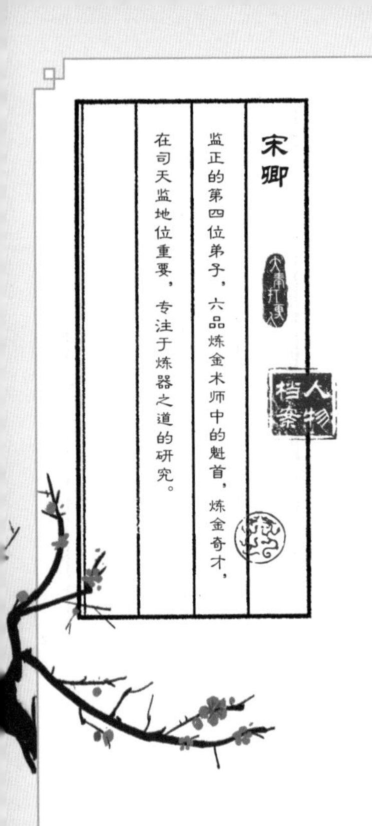
宋卿
人物档案
监正的第四位弟子，六品炼金术师中的魁首，炼金奇才，
在司天监地位重要，专注于炼器之道的研究。

孙玄机

监正的第二位弟子，口吃患者，人狠话不多，三品天机师，沉稳可靠，辅助许七安游历江湖，解印神殊。

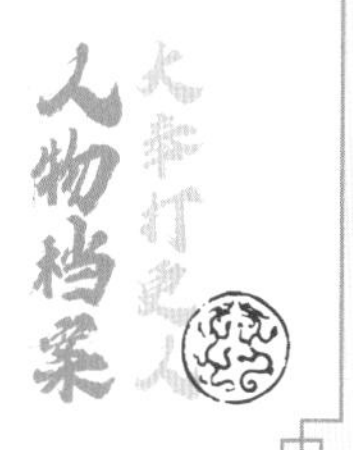

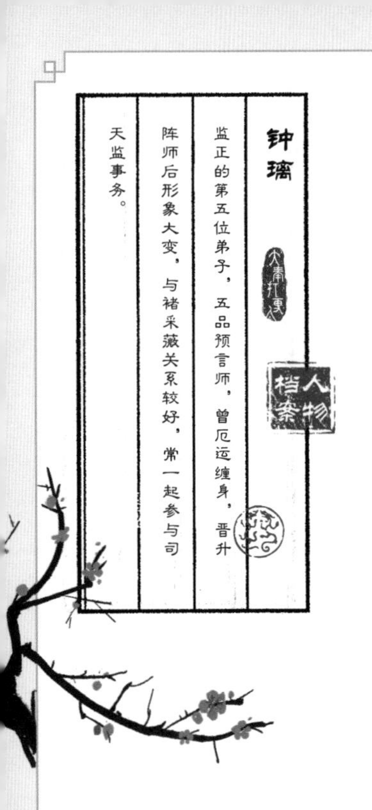
钟璃
大奉打更人
人物档案
监正的第五位弟子，五品预言师，曾厄运缠身，晋升阵师后形象大变，与褚采薇关系较好，常一起参与司天监事务。

褚采薇

大奉打更人

监正的第六位弟子，六品炼金术师，善良活泼，与许铃音、丽娜组成『吃货天团』，偶尔兼职打更人客卿。

大奉打更人 人物档案

赵守
大奉打更人
人物档案
大奉云鹿书院院长，当代儒家执牛耳者，三品立命境，大
劫中升为二品大儒，心怀大志，大奉王朝至关重要的人物。

金莲道长

大奉打更人

人物档案

原地宗道首，现为天地会首领，地书九号碎片持有者，二品度劫巅峰的强者，其道门修为高深，具备强大的实力和超凡的智慧，对天地间的诸多秘密和修行法门都有深刻的了解。

大奉打更人 人物档案

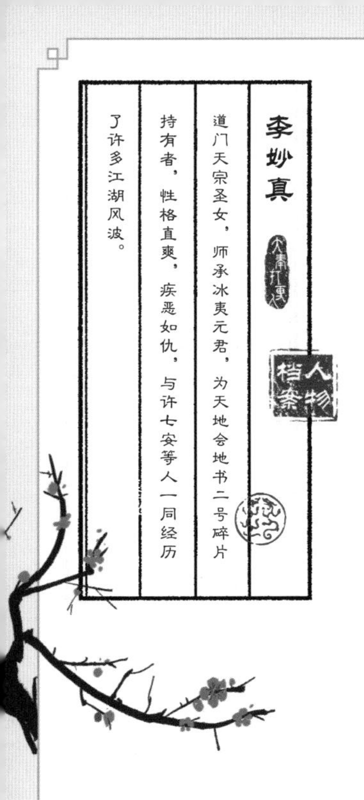
李妙真
大奉打更人
人物档案
道门天宗圣女，师承冰夷元君，为天地会地书二号碎片持有者，性格直爽，疾恶如仇，与许七安等人一同经历了许多江湖风波。

楚元缜

大奉打更人

人物档案

状元出身，道门人宗记名弟子，天地会地书碎片四号持有者，弃文修剑，青衫剑客，洒脱不羁，重情重义。

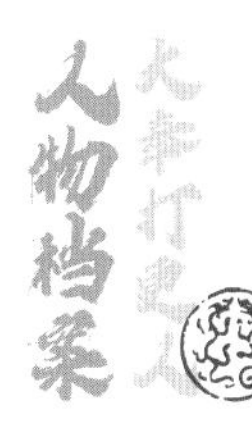

李灵素
大奉打更人
人物档案
道门天宗的圣子，师从玄诚道长，地书碎片七号持有者，
在天地会中也有着特殊的地位和作用。

神殊

千余年前被佛门收服的修罗王，全盛时期实力为半步武神，被封印多年，后被许七安等人解印，对许七安的成长有重要影响。

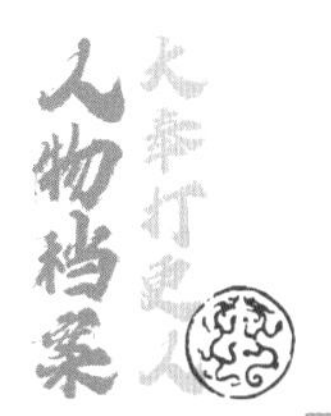

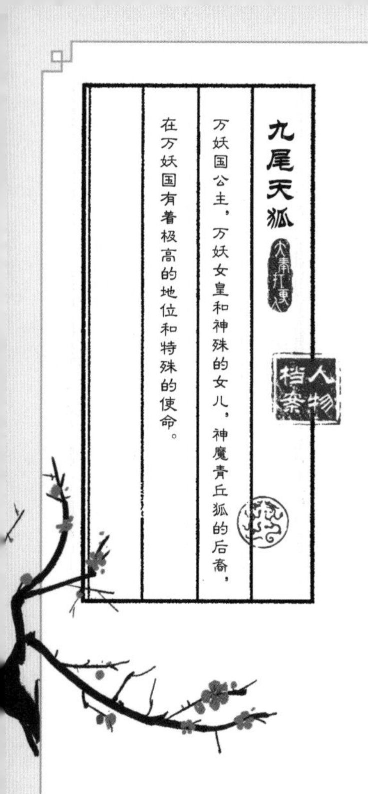
九尾天狐
人物档案
万妖国公主，万妖女皇和神殊的女儿，神魔青丘狐的后裔，
在万妖国有着极高的地位和特殊的使命。

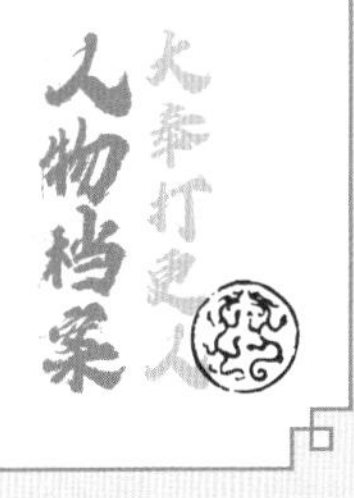
大奉打更人
人物档案

经典场景
大奉打更人

经典场景

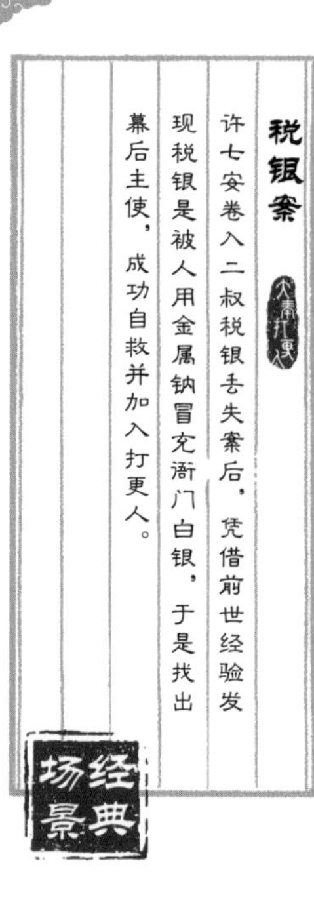
税银案
大奉打更人
许七安卷入二叔税银丢失案后，凭借前世经验发现税银是被人用金属钠冒充衙门白银，于是找出幕后主使，成功自救并加入打更人。
经典场景

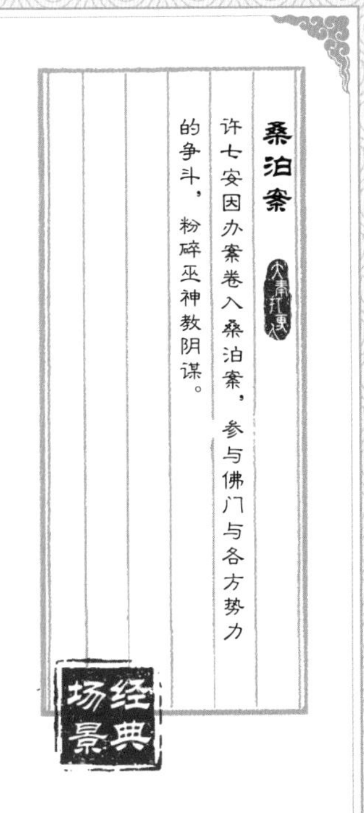
桑泊案
大奉打更人
许七安因办案卷入桑泊案，参与佛门与各方势力的争斗，粉碎巫神教阴谋。
经典场景

大奉打更人
经典场景

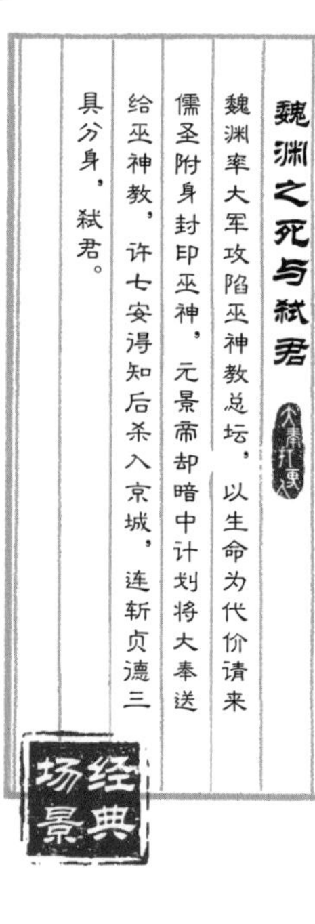

魏渊之死与弑君

大奉打更人

魏渊率大军攻陷巫神教总坛，以生命为代价请来儒圣附身封印巫神，元景帝却暗中计划将大奉送给巫神教，许七安得知后杀入京城，连斩贞德三具分身，弑君。

经典场景

收集龙气

（大奉打更人）

大奉地脉龙气被贞德动摇分裂，许七安离开京城，在江湖游历搜集龙气。

经典场景

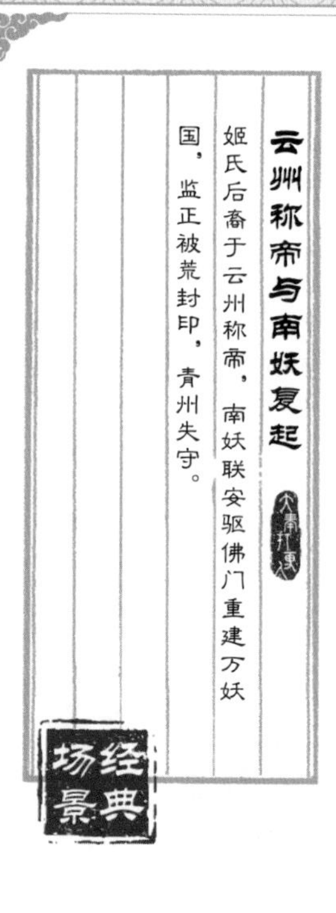
云州称帝与南妖复起
姬氏后裔于云州称帝，南妖联安驱佛门重建万妖国，监正被荒封印，青州失守。
经典场景

怀庆登基
大奉打更人
怀庆登基称帝，许七安与临安大婚。
经典场景

大奉打更人
经典场景

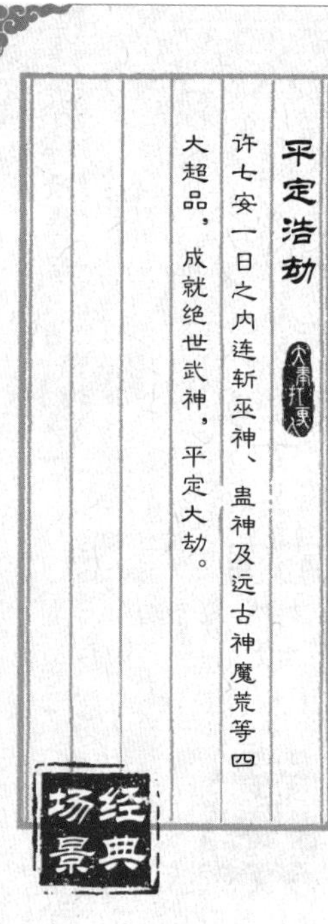
平定浩劫
许七安一日之内连斩巫神、蛊神及远古神魔荒等四大超品，成就绝世武神，平定大劫。
经典场景

大奉打更人
经典场景

势力等级
大奉打更人

势力等级

皇室掌控天下，朝廷设有打更人、司天监等机构，地方有州府县衙等各级行政单位，共同维持王朝统治。

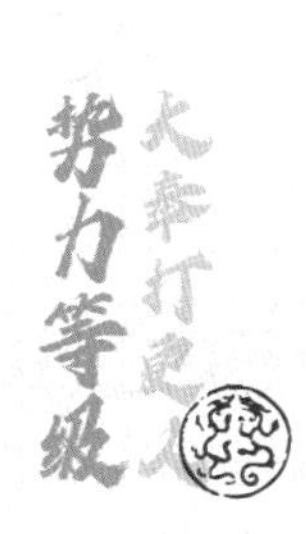

源自道尊，有天宗、地宗、人宗之分，天宗注重自身修炼，地宗倾向于借助天地之力，人宗则注重七情六欲与剑术修炼，并需依附王朝以气运浇灭业火。

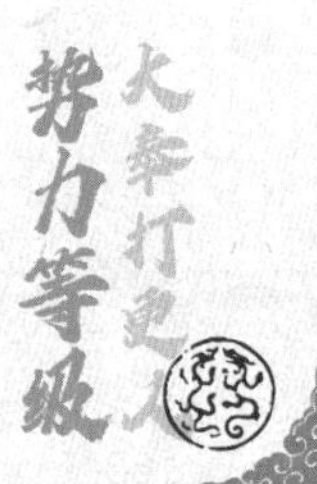

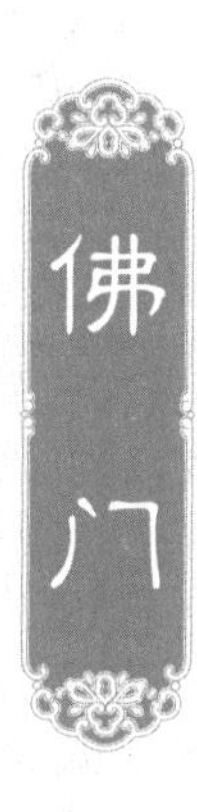

佛门

西域佛门在甲子荡妖后昌盛，内部有禅系和武系之分，禅系重佛法修行，武系则以武力护法。

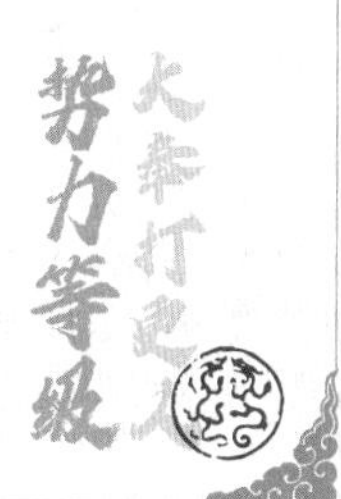

妖族

主要分为西北方的妖族诸部和南疆的万妖国，其修炼路数与武夫基本相似，但四品修的是“天赋神通”。

有七个部落，既是蛊神的受益者，也是镇守者，通过培养本命蛊来提升实力。

以巫神为信仰，在东北诸国影响力较大，其修行者擅长运用血脉之力和各种巫术。

九品炼精：须打熬体魄，锤炼气血，可拥有无尽体力。

八品炼气：开天门接引天地灵力入体，与天地交感，诞生气机，力量大增，能飞檐走壁。

七品炼神：具备敏锐的直觉和超强的五感，对危机有强大的预警能力。

六品铜皮铁骨：防御力和生命力大幅提升。

五品化劲：能够完美掌控自身力量。

四品意境：须领悟武道意境，提升战斗技巧和实力。

三品不灭之躯：身体强度达到极高境界，拥有超强的恢复能力和生命力。

二品合道：与天地大道契合，借天地之力为己用，实力剧增。

一品：武者的巅峰境界，拥有毁天灭地的强大力量。

半步武神：拥有不死不灭的特性，战力强悍，精气神彻底融合，在战斗中能够发挥出强大的力量。

超品（武神）：不受规则束缚，万劫不磨，万法不侵，拥有斩杀超品之力，身体防御力大幅提升，达到近乎金刚不坏的程度。

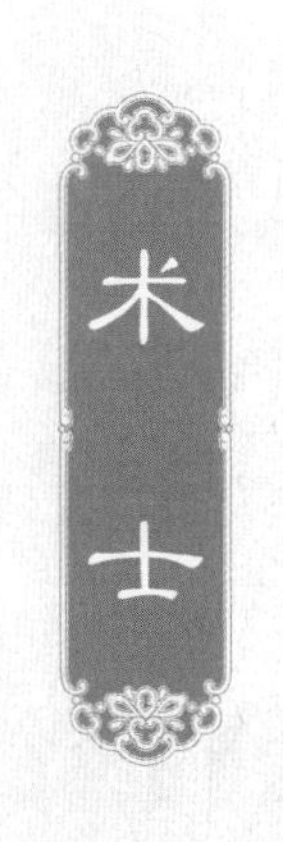

一品天命师：术士中的顶尖存在，可掌控天命，预知未来。

二品入品炼气士：能进一步凝练气运，增强自身实力。

三品炼气士：凝练人道之气，以气运撬动并运用众生之力，晋升此品须依赖朝廷气运。

四品天机师：可屏蔽天机、篡改他人印象，但有诸多限制。

五品预言师：能够预测未来即将发生的事情，提前知晓危险与机遇，为自己和他人的行动提供重要参考。

六品阵师：能一念布阵、一指破阵，阵法本质是天地规则，可炼制法器。

七品炼金术师：须独立完成新的炼金术并得到正面反馈，其发明创造能融入普通人的生活。

八品望气师：能看穿气数、测谎和屏蔽气数；风水师则可堪舆地形，观测风水，为布局和选址提供依据。

九品医者：治病救人，积累经验后可晋升望气师，部分会诞生看穿气数的清瞳。

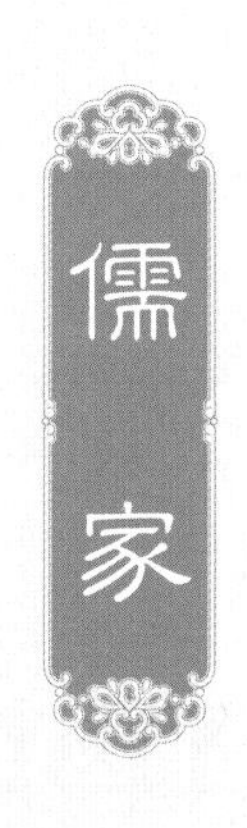

超品儒圣： 吞纳气运与之融为一体，运用众生之力，斩断规则，封印其他超品，知晓所有体系晋升方法。

一品亚圣： 凝聚大气运晋升，能唤醒圣人之器，凭借学术思想形成规则封印镇压地方气运。

二品大儒： 完成人生目标，凝合足够气运晋升，言出法随之力更强，可拨弄气运，影响王朝兴衰，但代价极大。

三品立命： 修正其身，以诗天命，寻找人生目标，走出自己的道，浩然正气盈体，晋升时，天生异象，再往上晋升需要依赖朝廷的气运。

四品君子： 凝练浩然正气，百邪不侵，可观测气运变化，任意言出法随，通过浩然正气承受反噬。

五品德行： 规范人的行为举止，以『君子六德』要求别人，言出法随，扭曲相应规则，承受一定反噬。

六品儒生： 海纳百川，能学习其他体系的绝学，念头一动就能学习，超品层次看一眼便能百分之百复刻敌人的法术。

七品仁者： 体悟仁义，树立道德，坚守本心，掌握言出法随的雏形。

八品修身： 锤炼文胆，让人有胆气，说话令人信服，还能短暂影响敌人的心志，是言出法随能力的初步展现。

九品开窍： 将圣人经典倒背如流，化为己用，增强记忆力和学习能力，但无战斗能力加成。

禅系

- **超品佛陀：** 拥有九大法相，佛陀是道尊人宗分身所化，后被儒圣封印，曾吞噬西域，自成世界。
- **一品菩萨：** 凝聚菩萨果位，修炼出属于自身能力的法相，如伽罗树菩萨的不动明王·金刚法相、琉璃菩萨的行者·无色琉璃法相、广贤菩萨的大慈大悲·大轮回法相、法济菩萨的大智慧·药师法相。
- **二品罗汉：** 凝练自身舍利子，根据所得果位觉醒不同能力。
- **四品苦行僧：** 需发宏愿，许小宏愿者得罗汉果位，许大宏愿者得菩萨果位。
- **五品律者：** 战斗力来源于守过的戒，且能潜移默化地影响周围的人。
- **六品禅师：** 闭关坐禅，入定后便万法不侵，不动如山，入门级需枯坐三天三夜。
- **七品法师：** 精通佛法，能开坛讲法，给亡魂超度，还可给活人洗脑。
- **九品沙弥：** 受戒是核心，需三年不破戒方可进阶，是禅修的基本境界。

佛门

武系

超品佛陀：同禅系超品佛陀。

一品金刚法相：拥有超强的防御力，具备对手不易打破的金刚之身，皮肤和血液转为金色，脑后出现至刚至阳的火环。

八品武僧：和武者区别不大，略懂佛法。

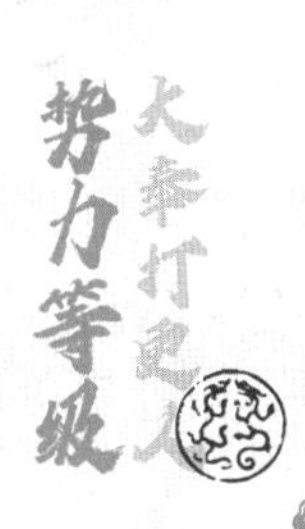

经典语录
大秦打更人
大秦打更人

经典语录

『我这一生，不敬神，不礼佛，不信君王，只为苍生。神灵不仁，便是我之仇寇。』

大秦打更人

哪怕是你的至交好友，他与你结交，也必然是因为你的存在对他来说起到一个积极向上的作用。

虽然规矩很重要，但当大家都默契地无视规矩的时候，你太较真儿，反而会受排挤。

『魏公，许七安……不当官了！』

大奉打更人

『儒家不会弑君，只杀贼！』
大秦打更人
经典语录
大秦打更人

世人多媚骨，唯有君如故。
大奉打更人

当你无法改变任何事物的时候，请学会沉默。

大青打更人

他就像黑夜中的萤火虫，灼灼醒目。

你在人生中会遇到很多风景，也会遇到很多人，

最后做出的那个选择，才是内心最想要的。

【一诺千金重，所以你一定要回来。】

大奉打更人

『没有百姓，

你做什么亲王，

你是谁的亲王？』

大秦打更人

儒家的屠龙术，
核心就是『礼制』二字。
大秦打更人

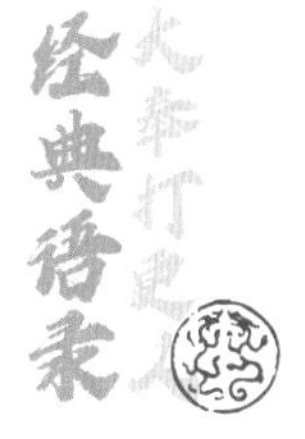
经典语录
大秦打更人

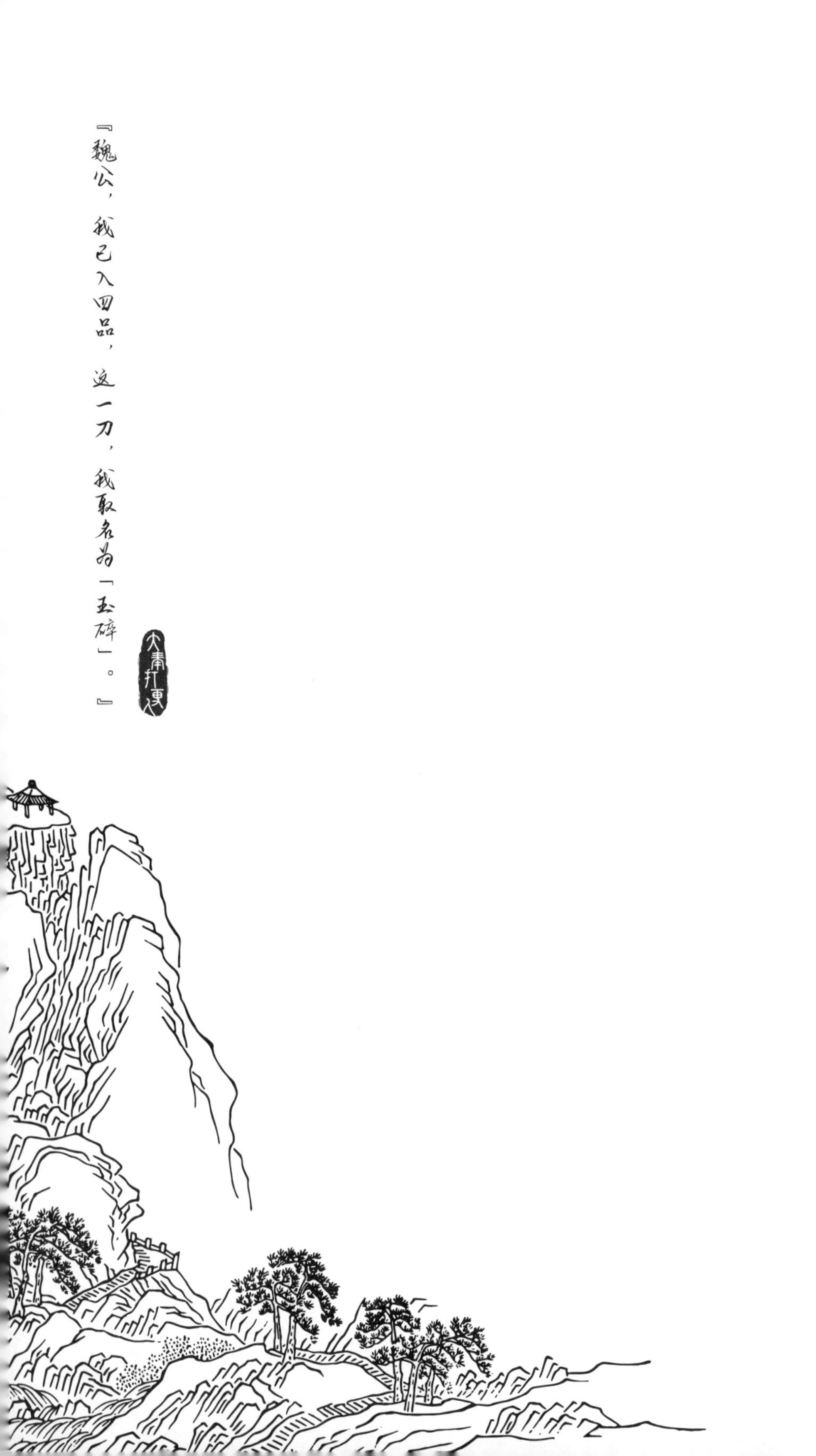
『魏公，我已入四品，这一刀，我取名为「玉碎」。』
大奉打更人

『魏公，你该走的路，已经走完，而我的路，刚开始。

我会像雄鹰一样展翅翱翔，斩杀一切敌人……我已退无可退。』

『未曾告之，许宁宴是我的入室弟子。』

大奉打更人

『天家要动我的人，经过我同意了吗？！』

绝境之人，退无可退。

『我现在做的事，用四句话概括——为天地立心，为生民立命，为往圣继绝学，为万世开太平。』

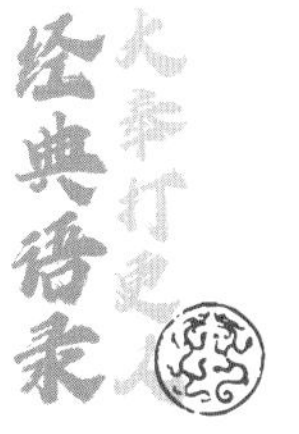

『天道无情，对众生来说，才是最大的公平。』
大奉打更人

『我们大奉的汗银锣，就是你永远无法跨越的高山。』

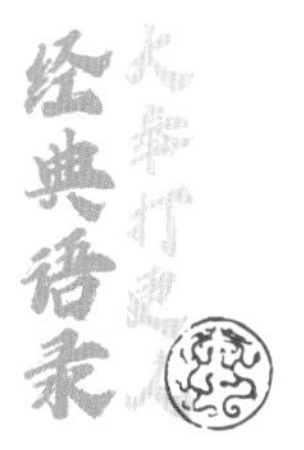

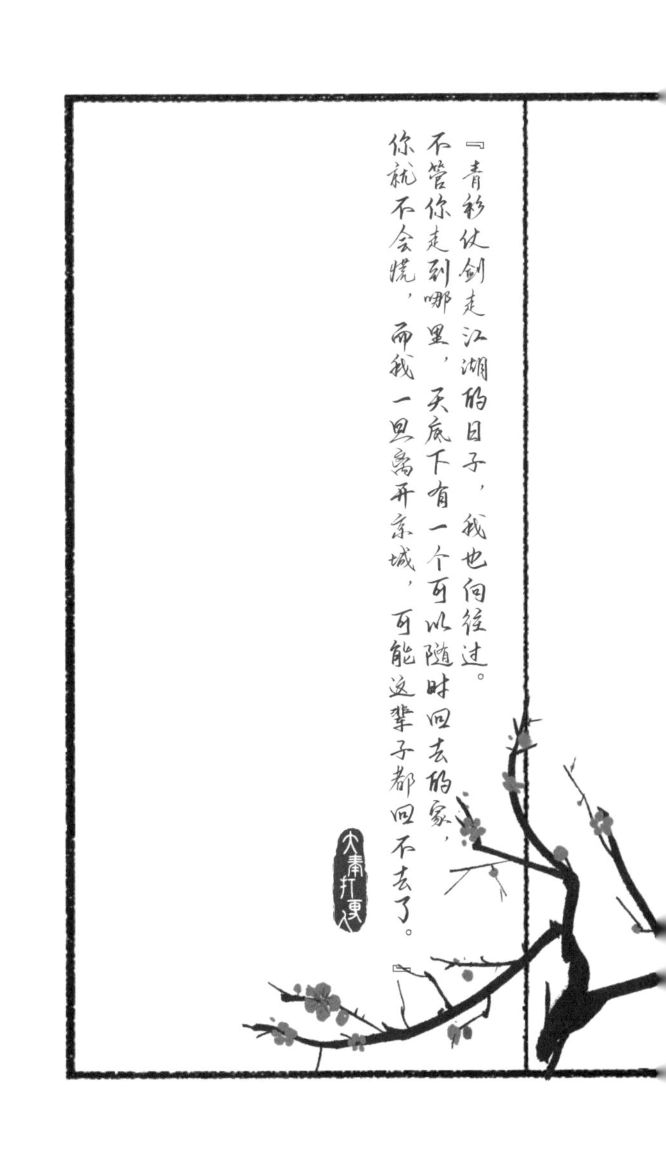

『青衫仗剑走江湖的日子，我也向往过。不管你走到哪里，天底下有一个可以随时回去的家，你就不会慌，而我一旦离开京城，可能这辈子都回不去了。』

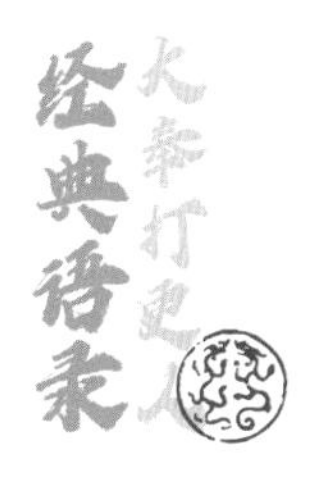

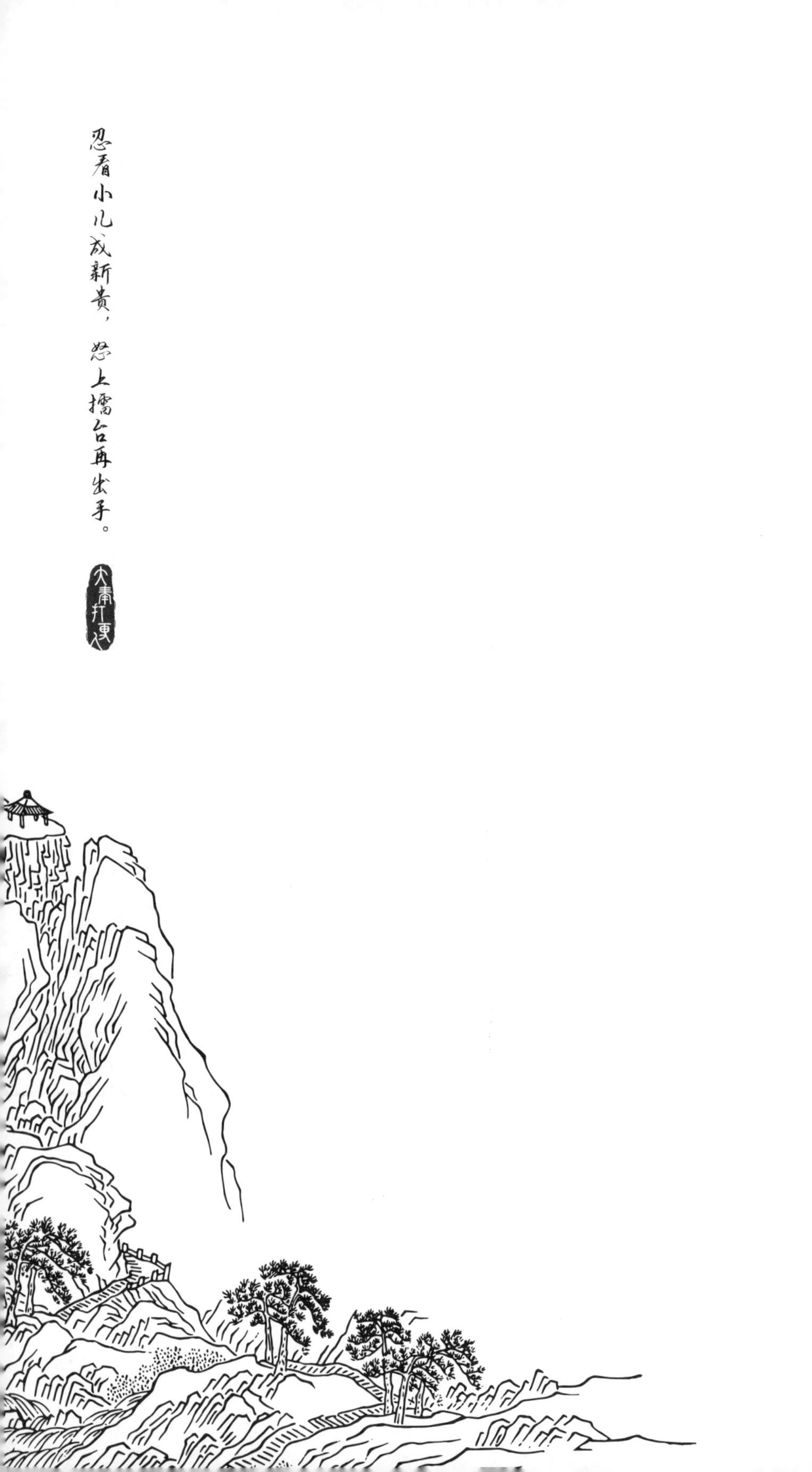
忍看小儿成新贵，怒上擂台再出手。
大秦打更人

『我们要面对的，是中原，乃至整个天下年轻一代第一人。』

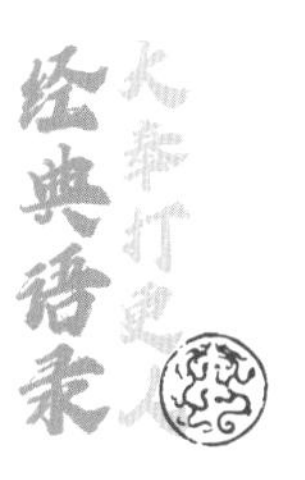

『总有些东西，要高于生命。』
大秦打更人

“每天朝阳升起时，他的眼睛都是明亮的，我能读懂里面的渴望，因为那是纯粹的、只想活下去的希冀。

“在几位眼里，他或许如院子里的杂草一般微不足道。但就算是小草，也想要坚韧地活着。”

身后是魏公的故乡。

『大奉武夫许七安，前来凿阵！』

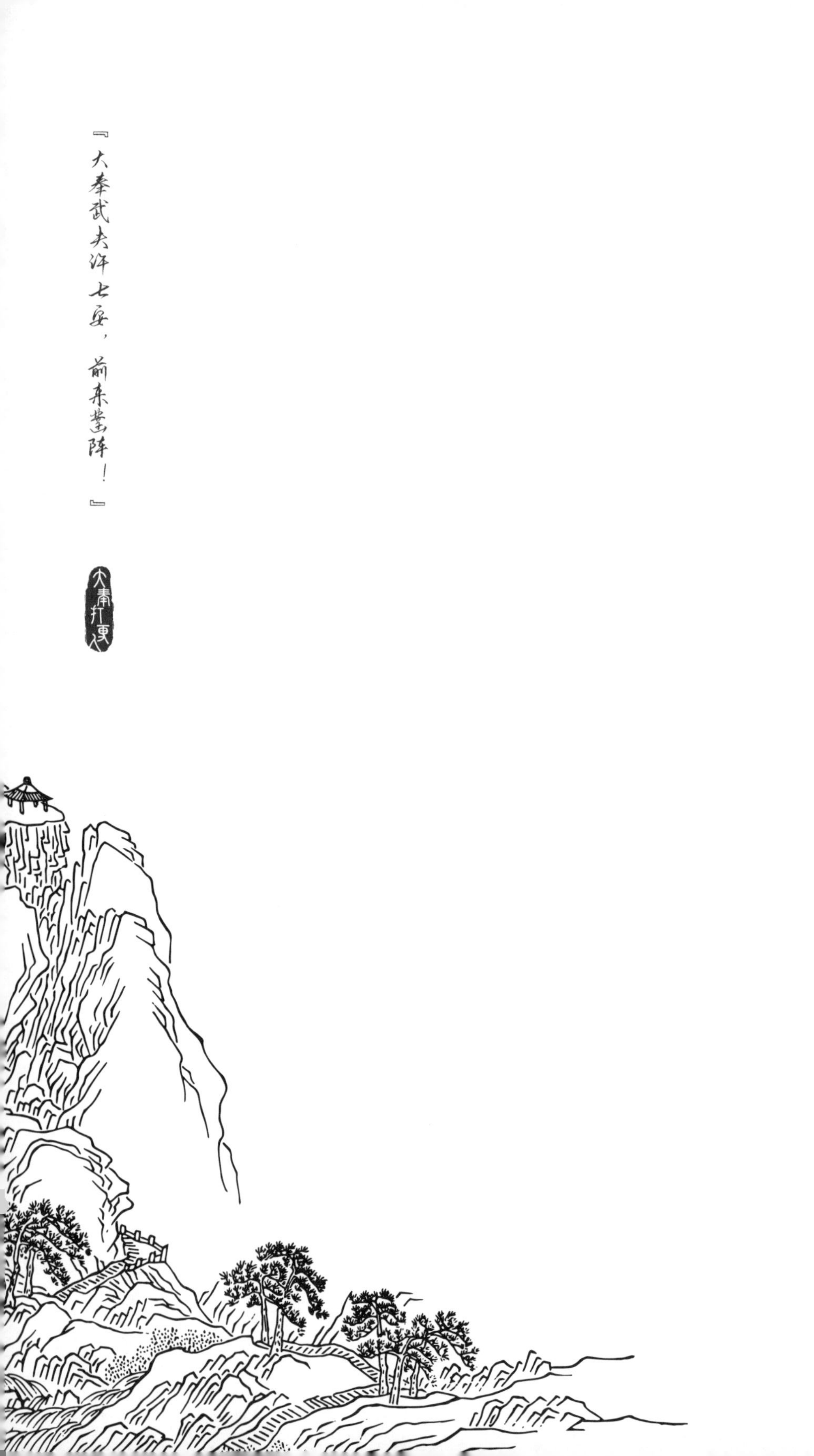

愿，魏渊之后，大奉还有一个许七安。

大奉打更人

他的风光，他的声望，他的意气风发，都是建立在有人为他抵挡压力的前提下。

原来那个男人对他真的这么重要啊，重要到失去了那个男人，他瞬间垮了。

他是守城士卒们的信仰和依靠，可他的依靠呢？

他的依靠坍塌了，他变得慌张，变得惶恐，变得不自信，再不复当初的意气风发。

『虽说江湖儿女，没有那么矫情，相濡以沫者甚多，相忘江湖者更多。但惦记着你、爱着你的女子仍是大多数吧。』

大秦打更人经典语录

『陛下，修道二十一年，梦里可曾听见百姓的哀泣？』
『陛下，臣替魏公和八万将士，向你讨债。』

过河之卒退无可退，但可弑君。
大秦打更人

『魏公，一路走好。魏公，来世也当称雄！』

江湖儿女江湖死，
就不矫情地道别了。

『我是异界游客，
大奉打更人
在这方世界里，不敬神不礼佛，不拜君王
和天地，只有一个夙愿，那就是世上少一
些不平事，黎民苍生能过得更像人，而不
是牲口，不希望楚州屠城案再次发生……』

经典语录
大奉打更人

此时，站在他们面前的，
是一具破碎的人体，他的身躯呈现
可怕的裂痕，没有一处完好。
他曾经握着刻刀的右臂，血肉消失，
露出带着血丝的骨骼。
青衣褴褛，衣如人，人如衣。
从此以后，大奉再无军神。

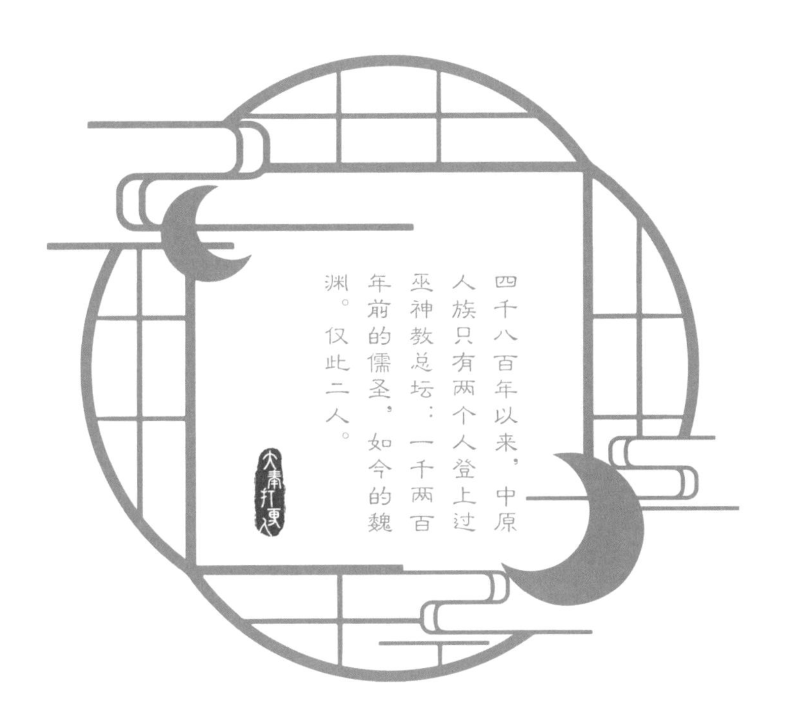
四千八百年以来，中原人族只有两个人登上过巫神教总坛：一千两百年前的儒圣，如今的魏渊。仅此二人。
大奉打更人

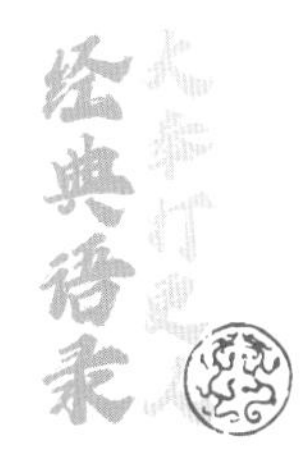
大奉打更人
经典语录

大奉打更人

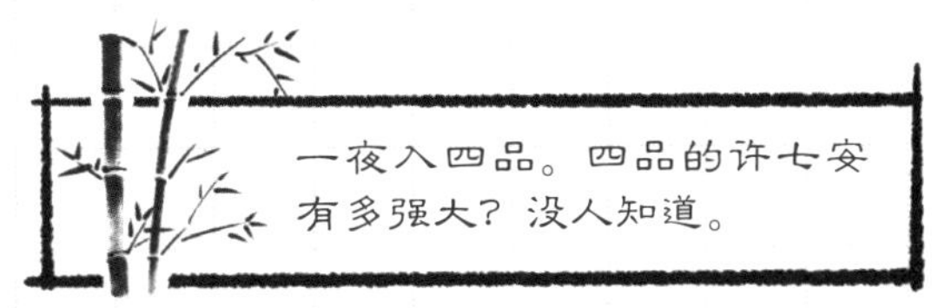
一夜入四品。四品的许七安
有多强大？没人知道。

大奉打更人

『许七安，你可知我为何不收你为义子？因为在我心里，你是知己！』

大秦打更人

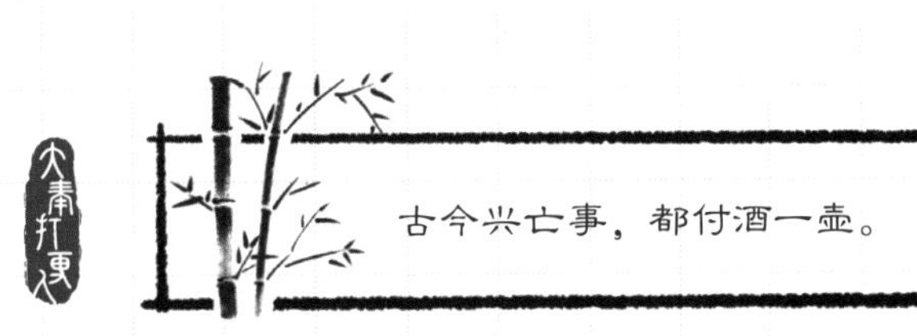
古今兴亡事，都付酒一壶。

身为七尺男儿，我情愿轰轰烈烈地死，也绝不屈辱地活。

他发迹于元景六年，击退蛮族骑兵，一跃成为大奉新贵，而后在山海关战役中运筹帷幄，打赢这场改变九州格局的浩大战役。

随后他自废修为，入庙堂，与朝堂多党抗衡，以宦官之身压服诸公，荣耀、功绩、权力握于手中，辉煌无比。

纵观他的一生，有很多让政敌研究了半辈子依旧无法理解的地方。

他无子嗣，无家人，孑然一身。

宦官们视为精神支柱的金银财帛，他也视如粪土。

宦海沉浮数十年，他真就无欲无求？

目光仿佛穿透了千山万水，魏渊似乎看见了清云山山顶那座亚圣殿，看见了立在殿中的石碑，看见了那歪歪扭扭的四句话。

为什么？

魏渊轻声道："为天地立心，为生民立命，为往圣继绝学，为万世开太平。"

他闭上眼睛，再也没有睁开。

…………

元景三十七年秋，魏渊率十万大军攻陷巫神教总坛，封印巫神。

靖山城化为废墟，数十万生灵灰飞烟灭。

这是历史上，中原人族的铁骑首次踏破巫神教总坛。

魏渊青史留名。

魏渊，没有了你，
今后的朝堂何其寂寞。

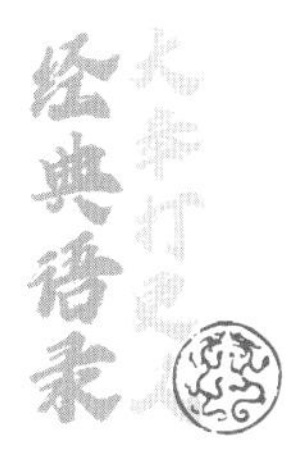

许七安轻轻说道：“我不信，我不信他会战死，所以，请带我去边境。如果……他真的死了，”他停顿了片刻，眼睛似乎模糊了一下，“他无儿无女，没人送终啊。我要去。我得去……”

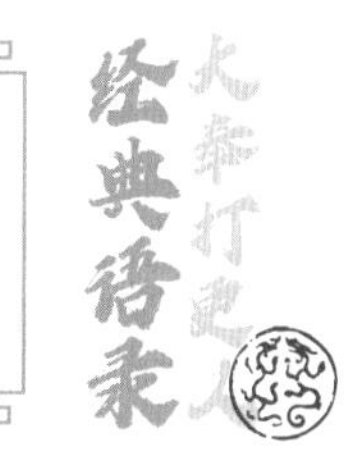

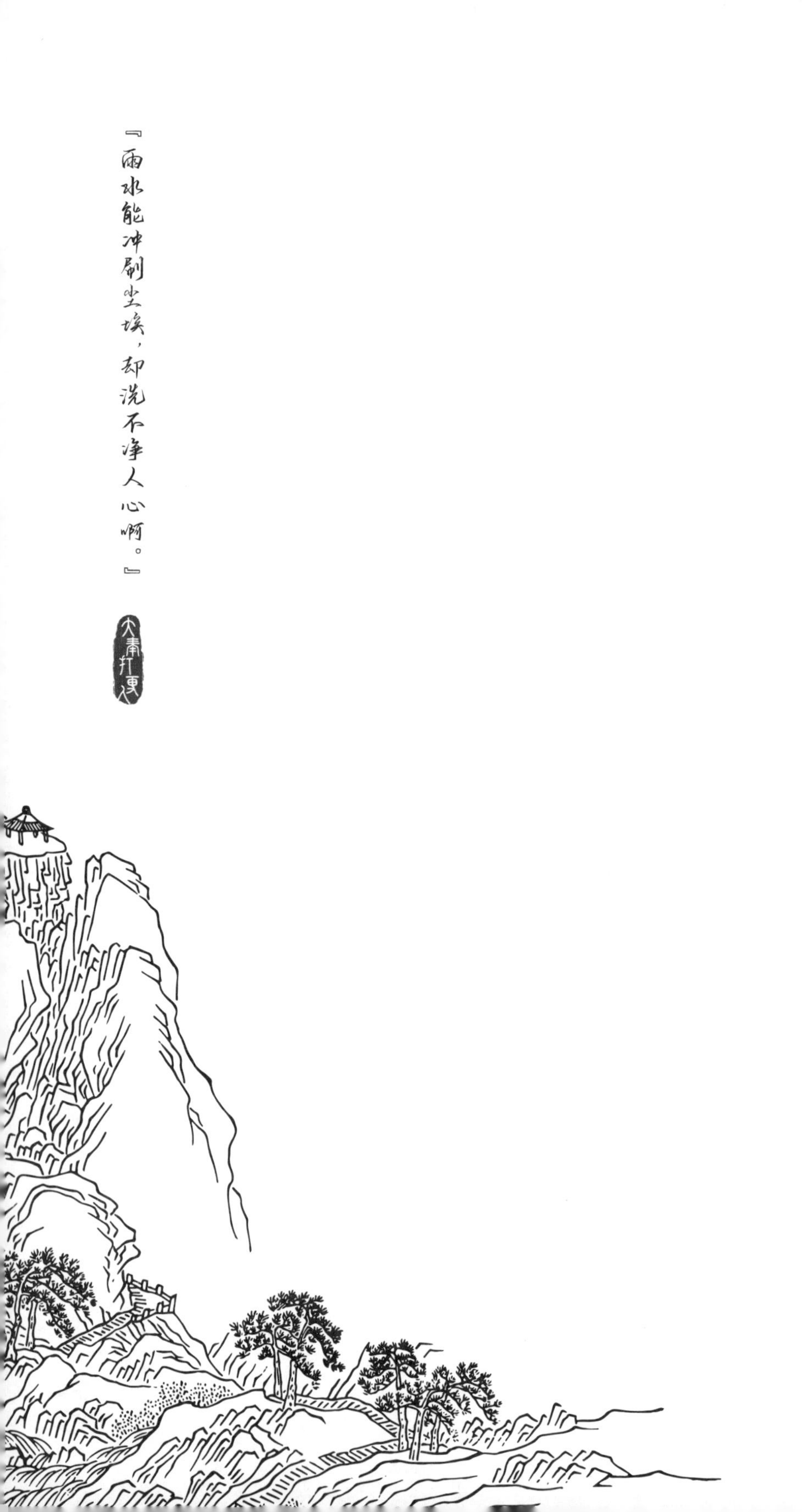
『雨水能冲刷尘埃，却洗不净人心啊。』
大秦打更人

『这世间，有人追求长生，有人追求荣华富贵，有人追求武道登顶。而我所追求的，是那个年少时，树影下，拈花微笑的姑娘。』

大奉打更人

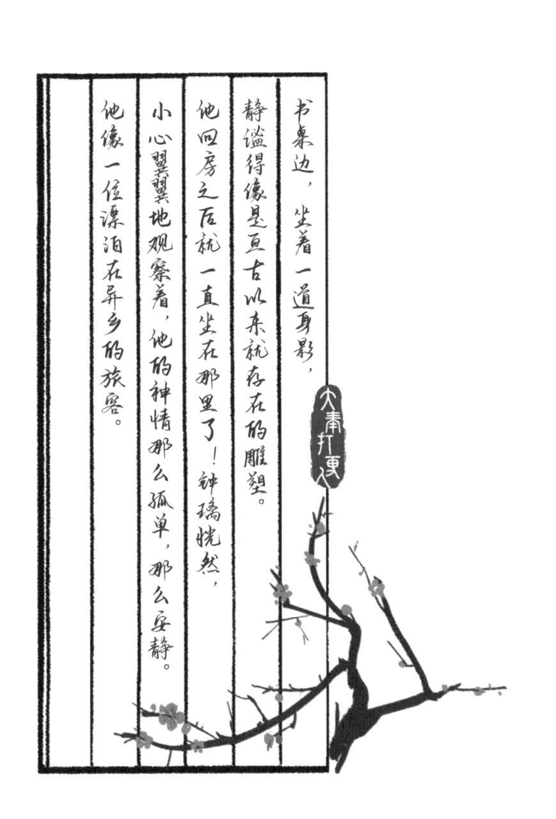

书桌边，坐着一道身影，
静谧得像是亘古以来就存在的雕塑。
他回房之后就一直坐在那里了！钟璃恍然，
小心翼翼地观察着，他的神情那么孤单，那么安静。
他像一位漂泊在异乡的旅客。

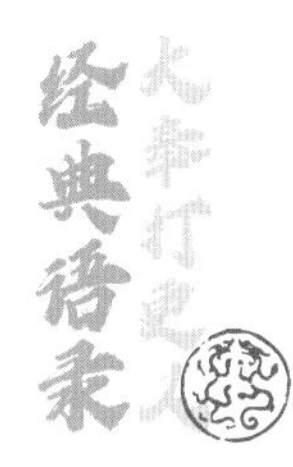

大奉打更人

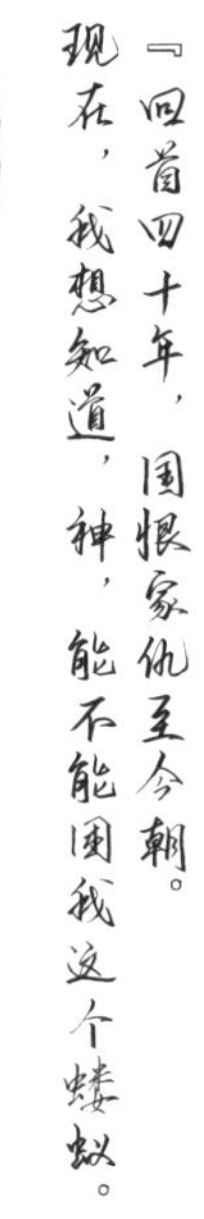
『回首四十年，国恨家仇至今朝。
现在，我想知道，神，能不能困我这个蝼蚁。』

经典语录
大奉打更人

他耳边，传来监正最后的声音：

“替我守护这人间。我当初选择你，不是因为你是异界来客，不是因为你身怀半数国运。”

只因当年那个少年在石碑上题字：

“为天地立心，为生民立命，为往圣继绝学，为万世开太平！”

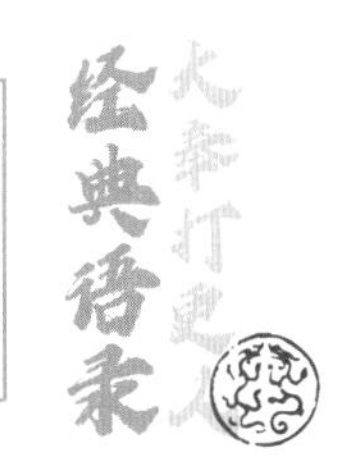

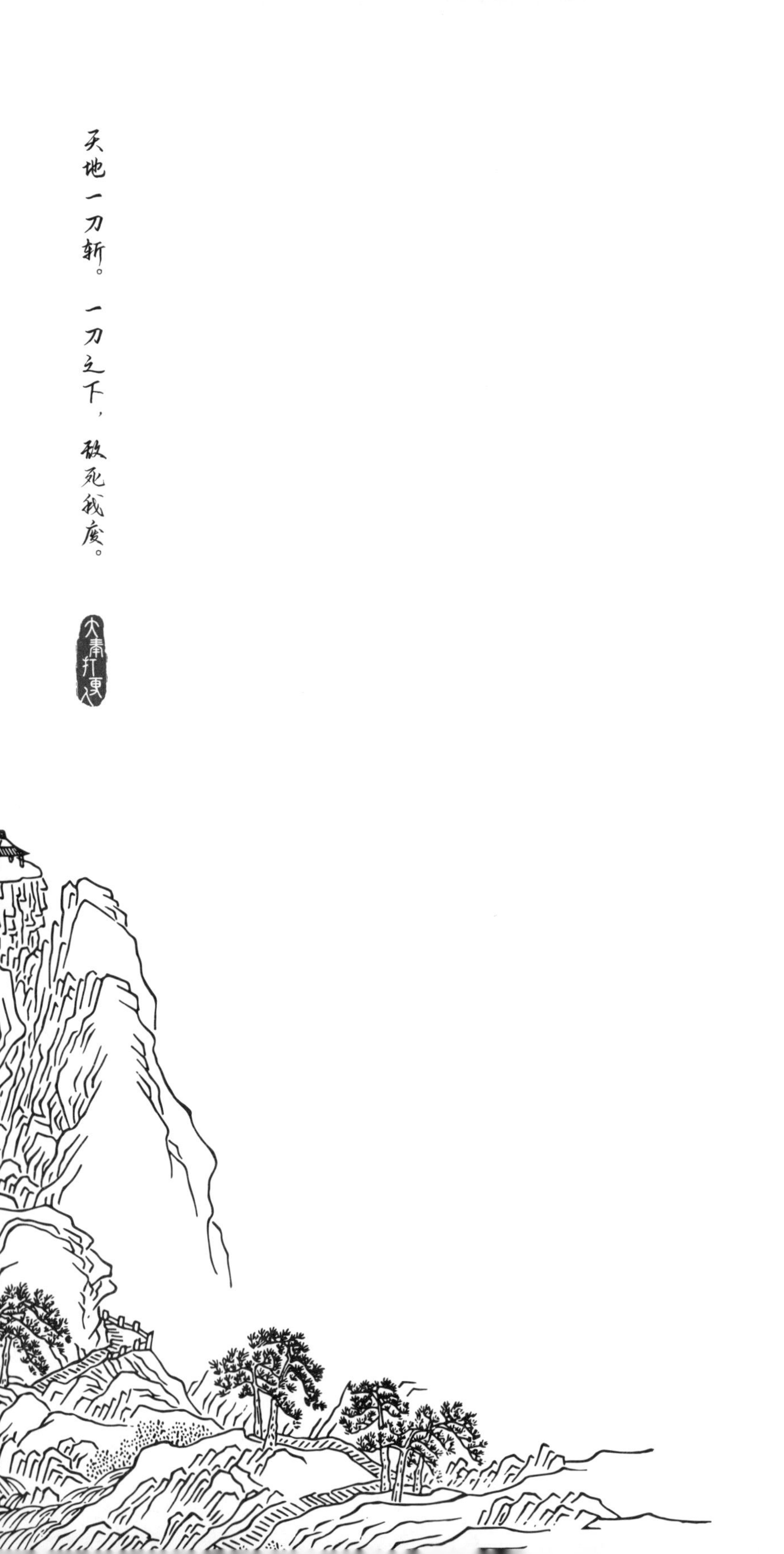
天地一刀斩。一刀之下，敌死我废。
大秦打更人

『瓦罐不离井上破，将军难免阵前亡。能以盖世强者之姿战死沙场，我对魏公，无愧了。』

『我许新年，生是逍遥人，死是桀骜鬼。』

大奉打更人

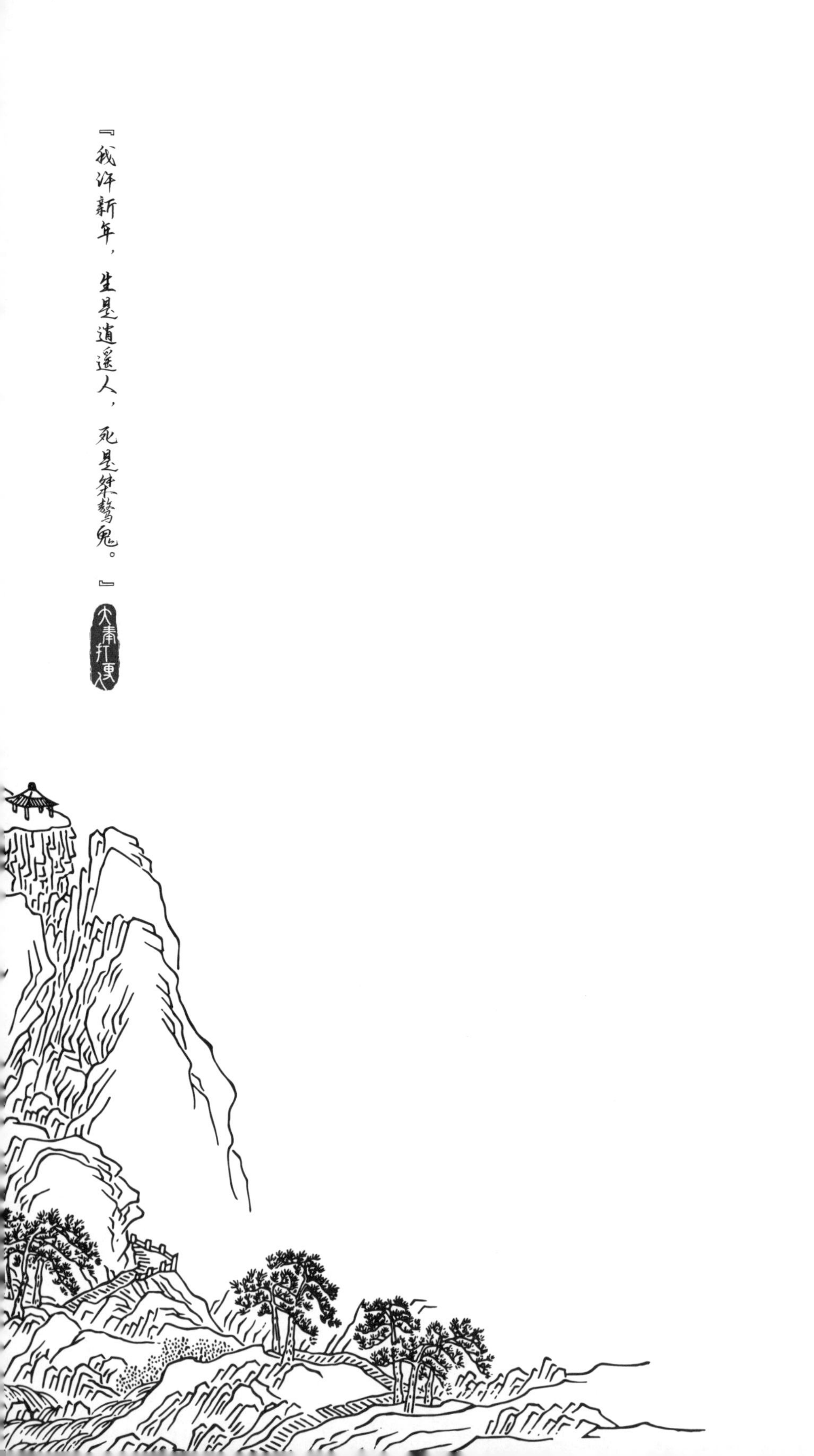

对于『群龙无首』的大奉将士们来说，
『许银锣』三个字，是一针强心剂，
是主心骨，是令他们不再迷茫的引路灯。

大奉打更人
经典语录

『巡抚大人是个好官，虽然也有一肚子的坏水，
但心里终究是把百姓摆在前头的。
我讨厌这个世界，但能看见你这样的好官，
我很欣喜。所以我不想让你死。』

大秦打更人

山风吹拂，篝火摇晃。安静的气氛里，过了很久，许七安缓缓说道：『找到血屠三千里的地点，阻止他，惩罚他，如果有可能，我会杀了他。』

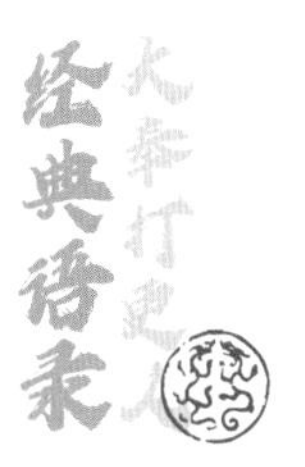

『不管他们生前是怎样的人，至少在死之时，没有辜负「打更人」三个字。』

『魏公待我恩重如山，没道理享受福利的时候我冲在最前头，遇到危险我又龟缩在后。』

『人生之路漫漫，或坎坷或顺利，或辛酸或欢喜。希望大家铭记云州的时光，勿忘初心。』

这世上有的人沉迷于美色，有的人沉迷于金钱，有的人沉迷于权力，有的人沉迷于修行。

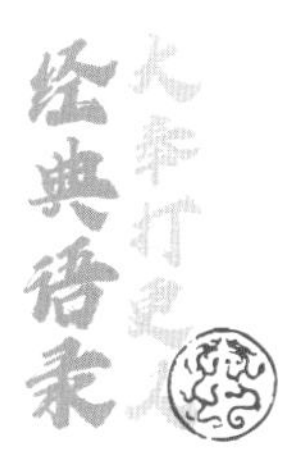

『施主只需问心无愧，便可不沾因果。』
大秦打更人

『人世间如苦海，身在其中，便意味着身不由己，很多时候，善因未必能有善果。』

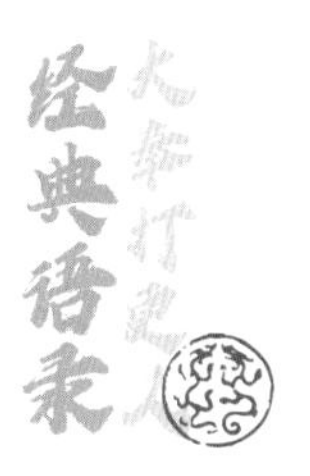

『我大哥总能做到常人无法做到的壮举。

而我，也会奋起直追的……』

大秦打更人

『你巫神要侵蚀我大奉气运，要断我中原人族气数，问过我魏渊了吗？！』

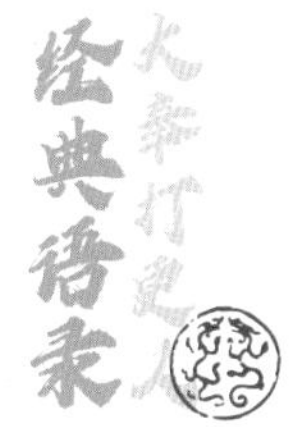

大奉打更人
千年之前有儒圣，
千年之后有魏渊！

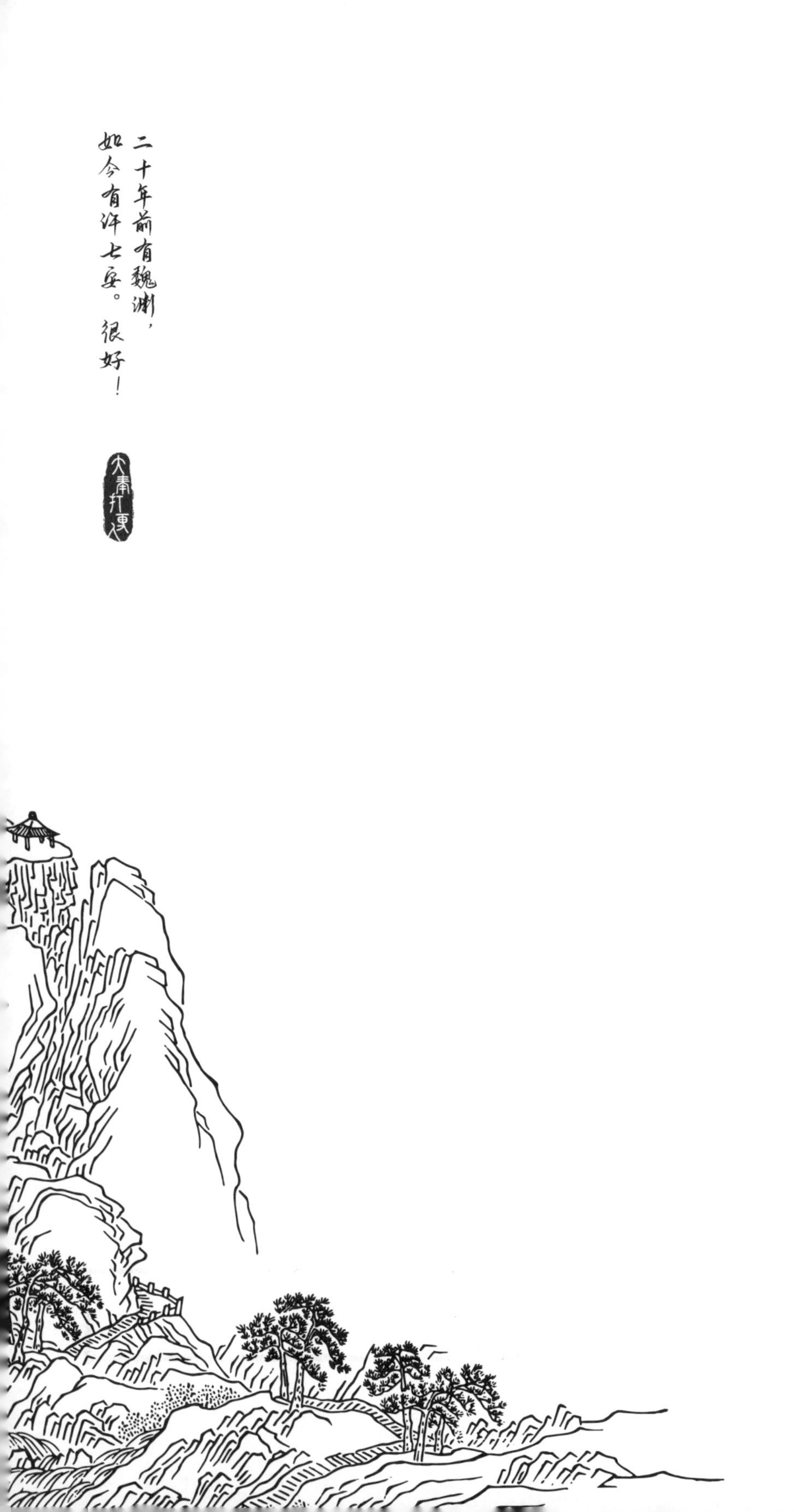
二十年前有魏渊，
如今有许七安。很好！
大奉打更人

『你该庆幸没有对我用刑。重新自我介绍一下，我是监正新收的弟子。』

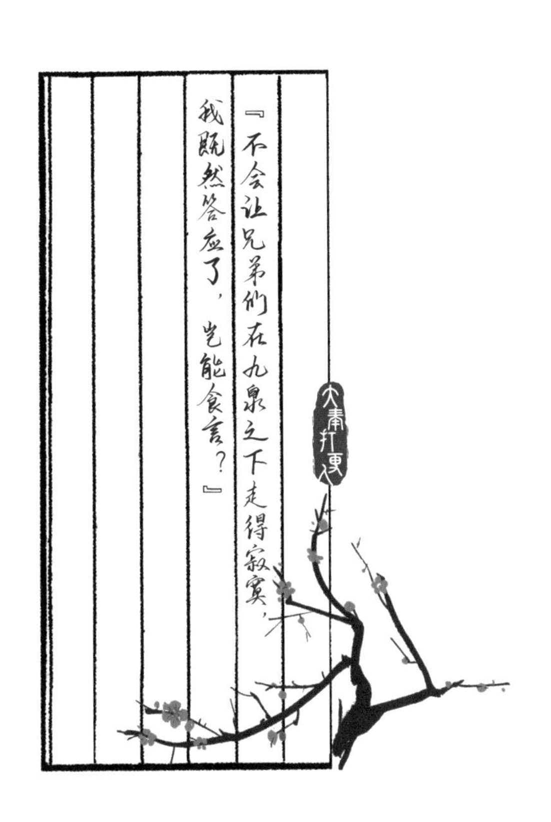
『不会让兄弟们在九泉之下走得寂寞，
我既然答应了，岂能食言？』
大奉打更人

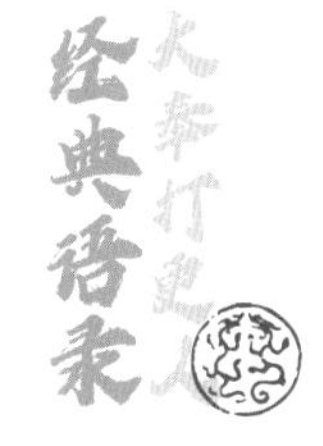
经典语录
大奉打更人

『这就是你所谓「观」，你只知我痛，却不知我有多痛；你只知道人间疾苦，却肯定不知到底有多苦。』

『天下众生皆是佛，三世十方有无数佛，这才是大乘佛法。凭什么世间只有一尊佛！』

大秦打更人

不跪，不跪，不跪！就算要信佛，也是我
心甘情愿地信，谁都不能强逼我。
大秦打更人
经典语录
大秦打更人

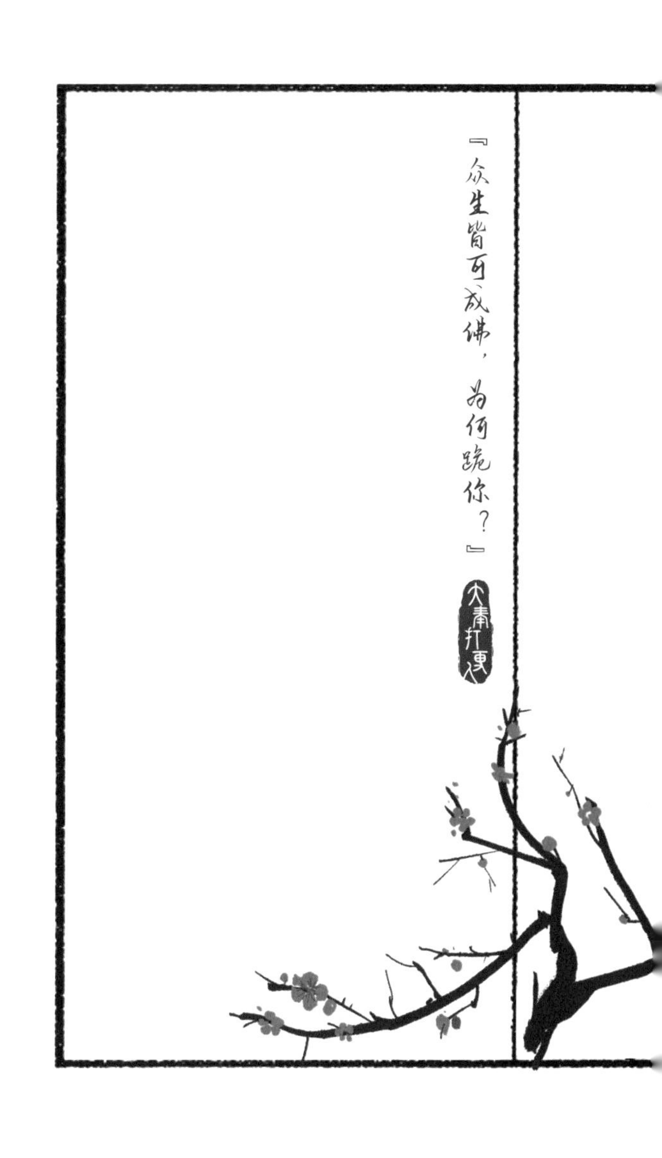
『众生皆可成佛，为何跪你？』
大奉打更人

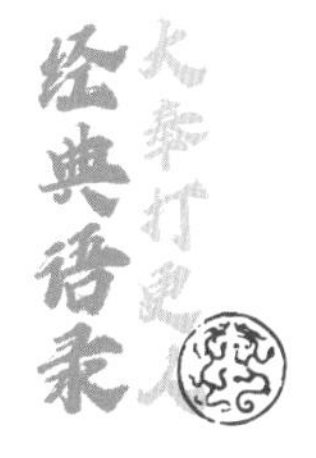
大奉打更人
经典语录

『多少年了，京城多少年没出现一位这般优秀的少年俊杰了？』

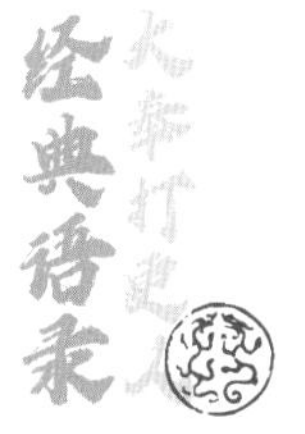

一个外表妩媚的、骄傲的公主，
心里却住着寂寞、孤独的女孩儿。

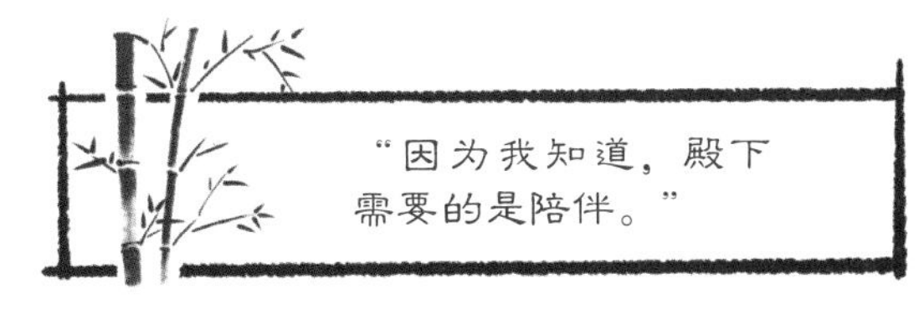
“因为我知道，殿下
需要的是陪伴。”

许宁宴与寻常武夫不同，他懂得如何攻人七寸，如何用最犀利的攻击报复敌人，却又不危及自身。

以诗词诛心，痛击文人七寸，这是许宁宴独一无二的能力。

看着台上洒脱磊落的年轻人，人群里响起了哭泣声。

这是一个年轻人，用自己的热血，用自己的前程甚至生命，换来的公道。

这一幕，后来被载入史册。

大奉历元景三十七年初夏，银锣许七安斩曹国公、护国公于菜市口，楚州屠城案盖棺论定，七名义士于刑台前长跪不起。

『他是大秦的英雄，但是今天之后，他，很可能变成「坏人」。』

大秦打更人

唯有汴七安，百姓敬他，爱他，是发自内心的，不为其他，只为他这个人。

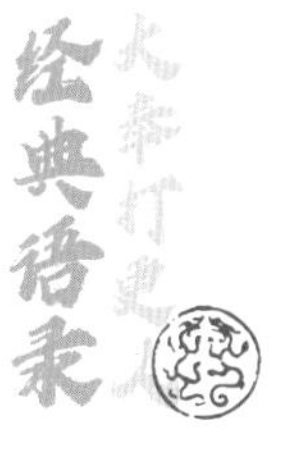

水能载舟亦能覆舟，你不认错，自有人逼你认……

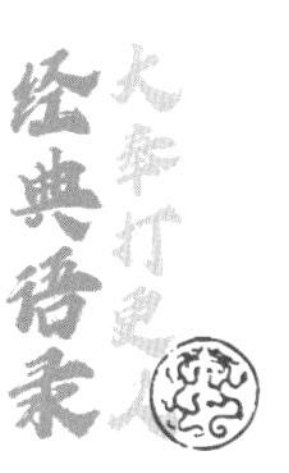

他们之中，有人愿意为利益妥协；有人不敢违背皇权；有人事不关己，明哲保身；有人义愤填膺，又迫于形势选择沉默。

但是非对错，人人心里都有一杆秤。

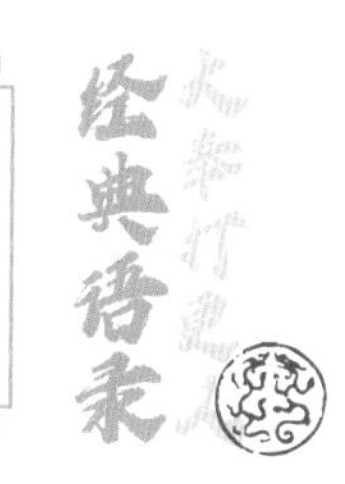

【心得感悟】
大秦打更人

大奉打更人
【心得感悟】

【心得感悟】

【心得感悟】
大奉打更人

【心得感悟】
大秦打更人

【心得感悟】
大奉打更人

【心得感悟】
大秦打更人

【心得感悟】
大奉打更人

【心得感悟】
大秦打更人

大奉打更人
【心得感悟】

图书在版编目（CIP）数据

《大奉打更人》手账 / 卖报小郎君著. -- 青岛：青岛出版社，2025. -- ISBN 978-7-5736-2884-8

Ⅰ. TS951.5

中国国家版本馆CIP数据核字第2024YT2162号

《DAFENG DAGENGREN》SHOUZHANG

书　　名　《大奉打更人》手账
作　　者　卖报小郎君
出版发行　青岛出版社(青岛市崂山区海尔路182号)
本社网址　http://www.qdpub.com
邮购电话　18613853563
责任编辑　郭红霞
特约编辑　孙小淋
校　　对　邓　旭
装帧设计　千　千
照　　排　千　千
印　　刷　天津联城印刷有限公司
出版日期　2025年1月第1版　2025年1月第1次印刷
开　　本　16开（710mm×980mm）
印　　张　13
字　　数　80千
书　　号　ISBN 978-7-5736-2884-8
定　　价　68.00元

编校印装质量、盗版监督服务电话　4006532017　0532-68068050